I0485383

Усовершенствование Умственной Энергетической сферы

Шам Мехта

Perfecting Your Mental Energy Sphere:

Russian Edition

Усовершенствование Умственной Энергетической сферы

Perfecting Your Mental Energy Sphere: Russian Edition

Шям Мехта

Том 11, Собрание Центра Любящего Сердца

Издательство: ВИПОЛ, Украина

Киев, 2005

ISBN: 978-1-4092-9215-9

Мои работы

Я написал 14 нижеперечисленних **книг:**

Руководство мужчины по достижению любви и счастья
И мужчинам и женщинам, я показываю, что у них может быть более приятная, счастливая жизнь и гораздо и спокойнее, чем Вы думаете.

Индийская философия и религия
Индийская философия помогает Вам достичь **Вашей цели в жизни.**

Усовершенствование Вашего поля эмоциональной энергии
Вам необходимо понять основную причину, которая лежит в корне, единственное эмоциональное нарушение, которое губительно действует на Вас.

Усовершенствование Вашей любовной энергетической сферы
Вам нужно искать любовь. В наш век она не падает с неба манной. Это требует усилий и времени.

Усовершенствование Вашей умственной энергетической сферы
Вы можете принимать информацию, которая Вам нужна, беспристрасно ее анализировать и, затем, принимать решение.

Усовершенствование Вашей физической энергетической сферы
Находится ли Ваше тело в хорошей физической форме? Является ли оно здоровым и крепким? Довольны ли Вы им таким, какое оно есть?

Усовершенствование Вашей сексуальной энергетической сферы
Ваша потребность в активной сексуальной жизни со своим супружеским партнером. Какие шаги Вам необходимо предпринять для ее достижения?

Духовное и божественное путешествие
Все Ваши энергетические сферы нуждаются в удовлетворении. Вам следует начать с сексуальной энергии.

108 голов повелителя Патанжали
Я использовал простую математическую логику, для того чтобы показать, что «Сутры Йоги» являются ловушкой для ученых.

8 Священных Индийских писаний
Я показал, что они были тщательно созданы, чтобы произвести впечатление и повлиять на персидских правителей Индии.

История Мира
Существует единственная причина всей истории Вселенной, с самого начала создания.

Западная Философия
Я подвожу итог, что представляет собой западная философия.

Йога
Есть множество неблагоприятных эффектов от занятия йогой, дыхательными упражнениями и медитацией.

Вы и Ваш Разум
Сегодня Ваше «Я» и Ваш разум работают не правильно. Я объясняю, как можно себе помочь.

Готовится к выходу диск DVD «Любовь в современном мире»

Более детальную информацию об этих книгах Вы можете получить на моем сайте: www.lovingheartcentre.net/Books.htm

Международный издатель – eBooksLib. Русскоязычный издатель этих книг – Виполь. Англоязычный вариант моих книг Вы можете приобрести в Интернет- магазинах, специализирующихся по продаже книг.
Большое количество моих картин можно посмотреть на моем сайте: www.lovingheartcentre.net/MyPaintings.htm

Предисловие

Здоровому уму, если он работает продуктивно, необходима тишина и отдых. Тишина является едой, необходимой для ума.

В наше время все подвержены умственному стрессу. Вы можешь потерять работу, поругаться с другом, у Вас много дел, Вы одиноки.

Ваш ум всегда напряжен, и он, как и тело, нуждается в отдыхе.

Ум – это инструмент, который сегодня преобладает. Он получает данные, перерабатывает их и формирует решение. Робот и компьютер могут сделать то же самое.

Человеческое бытие заключается не в умственной активности, а в сексе, физическом благополучии, любви и религиозном / духовном развитии.

Когда-нибудь врачи и смогут заменить три части Вашего тела, которые контролируют обработку данных, анализ и принятие решения – в верхней части лба, в глотке, возле шеи, и между бровями.

На их место они вставят искусственный робот. Возможно, Вы станете функционировать более точно, сможете принимать более правильные решения. Компьютеры ошибаются не часто.

С точки зрения человека, замена этих трех частей тела ничего не изменит.

Предположите, что удалили Вашу радость. Никакой компьютер не сможет ее заменить.

В этой книге, я действительно рассказываю, как Ваш мозг может функционировать аналогично компьютеру: эффективно, быстро и точно.

Причина, по которой он не может работать совершенно в данный момент – это сбой сексуальных, эмоциональных и других человеческих составляющих Вашего бытия.

Ваше мнение принадлежит Вам самим. В человеке существуют два компонента, которые принимают решения: Ваш мозг и Вы сами.

Вы сами делаете простой выбор: поступать правильно или неправильно. Ваш мозг не обладает понятием нравственности. Это - то, что называют нервной сетью. Она сама изучает то, что хочет, и со временем ведет себя так, как при наличии нравственности или ее отсутствии. Лучшие современные компьютеры пытаются подражать мозгу при процессах вычисления.

Вопрос, который стоит перед Вами - это позволите ли Вы компьютеру принимать решения за Вас, к чему неизменно приведет современное образование.

Когда компьютеры управляют миром, мы сталкиваемся с так называемым Орвеллианским кошмаром. Игнорировать человеческую жизнь, потребности Вашего тела, потребности Ваших друзей, окружающей среды сегодня считается естественным.

В эту книгу я включил ряд статей, которые я написал за эти годы для того, чтобы помочь людям отличить   умственную болезнь от умственного здоровья, эффективное принятие правильного решения от неправильного, и тот путь, по которому Вы можете двигаться к здоровому разуму.

Shyam Mehta

Центр любящего сердца

www.lovingheartcentre.net
22 октября 2005 г.

Содержание

Введение

Мысли даются Богом и рождаются в Вишуддхи чакре в горле.

Эти мысли формируют основу для трех функций рассудка: поглощения информации, анализа, и решения.

Умственное здоровье может быть измерено временем, которое необходимо для принятия решения. Если человек может спокойно думать, он умственно здоров и может принимать решения немедленно.

Умственная энергия происходит от трех чакр или энергетических центров. Это:
- □Манас чакра, расположенная в спинном хребте между диафрагмой и сердцем,
- □Аджна чакра (находится в мозге, между бровями) и
- □Лалата чакра, расположенная в верхней части лба.

Информация поглощается Лалата чакрой, анализируется Манас чакрой, а решения принимаются в Аджна чакре.

В индийской философии эта энергетическая сфера известна как Маномая коша или умственные/интеллектуальные ножны.

Умственное здоровье - это Ваша способность почувствовать, что происходит вокруг Вас, собрать и получить нужную информацию, проанализировать ее с бесстрастием, и затем скоординировать направление следующих действий.

С повреждением Вашей эмоциональной энергетической сферы, Вы не можете сделать этого. Для здорового рассудка Ваши эмоции должны быть здоровыми.

Повреждение каждой энергетической сферы также означает, что Вы не можете сделать следующего:

- □Если Вы сексуально расстроены в течение процесса обдумывания, Ваши размышления будут частично отклонены к мыслям о сексе. Вы пропустите важные аспекты логики, которые необходимы для Ваших решений. Склонность не допускается (так же как и ее замена другой склонностью) за исключением блокировки основного сексуального фактора.
- □Если Вы сердиты или грустны, то Ваш эмоциональный центр нарушен, и, естественно, Ваш процесс обдумывания тоже нарушен. То же самое случается со всеми 45 эмоциями.
- □Если Вы должны пойти в ванную, Ваши мысли отвлечены от эффективного размышления. Точно так же, если Вы ощущаете боль, Вы не в состоянии думать конкретно.
- □Если Ваша духовная энергетическая сфера не находится в контакте с Богом, то все Ваши суждения пропустят самую важную часть любого решения, которое будет сделано.
- □Если Вы находитесь в контакте с Вашей душой, Ваш ум будет возбужден, и Ваши мысли спутаются.
- □Если Вы не влюблены, то Ваши мысли будут игнорировать человеческий компонент решения, которое Вы должны принять.

Попробуйте провести простой эксперимент. Сядьте в немного неудобной позе йоги, так, чтобы Вам что-то мешало, и попробуйте заняться какой-то работой, которая требует концентрации. После нескольких минут Вы поймете, что не можете сконцентрироваться, а вместо этого будете пытаться сесть по-другому.

Сегодня у каждого есть проблемы с умственным здоровьем. Человек не хочет слышать об определенных проблемах, с которыми он может столкнуться. Он не любит говорить о сексуальных проблемах. Ему или ей стыдно обсуждать гигиену. Список бесконечен.

Нет никаких лекарств, которые могут помочь Вам преодолеть умственные трудности энергетической сферы.

Например западные лекарства, часто предписанные при умственных заболеваниях, просто повреждают и сокращают жизненность уже и так больной любви, а также эмоциональных и сексуальных энергетических сфер.

Первые две характеристики здорового разума - способность слушать и принимать, и способность бесстрастно анализировать, являются признаком того, что тебя любят родители (когда ты молодой) и семья.

В нынешнем мире, оба компонента умственного здоровья отсутствуют. Родители отправляют своих детей в школу, как только это становится реальным, и отказываются ставить детей на первое место в своей жизни. Количество времени, потраченное на ребенка, составляет только 3 часа в день, а не 12. Супруги предпочитают ссориться, а не занятся любовью.

Это приводит к тому, что очень тяжело найти человека, который действительно слушает Вас. Еще тяжелее найти кого - то, кто даст Вам правильный совет, а не основанный на плохом отношении из-за частичных фактов. Людям нужны годы, а не минуты для того, чтобы решить, собираются они жениться или нет.

Проанализируем теперь основные причины принятия такого решения человеком, который уже преодолел другие трудности энергетической сферы.

Во-первых, мозгу необходимо усвоить информацию. Когда человек идет по улице, он слушает плеер, или говорит по мобильному телефону, или занят своими мыслями. Он не видит того, что происходит вокруг него. Чтобы заставить кого - то понять Вас, Вы должны сказать ему или возможно прокричать это три или четыре раза. И даже это, может быть, не сработает.

Во-вторых, мозг должен распознать основные пути к принятию решений, которые требуется собрать и последовательно соединить так, чтобы создать гипотезу и рациональную цепь аргумента. Однако, в настоящее время, все заняты. Вы пропустили важную, необходимую информацию или Вы забыли ее. У Вас нет времени, чтобы сложить все, что Вы видели, вместе. К тому времени, когда Вы приближаетесь к концу анализа, Вы забываете, с чего начинали. Ваша концентрация ничтожна. И даже если всего этого не произошло, в течение вашего анализа телефон звонил пять раз, и у Вас не было времени ответить. Вы постоянно думаете о чем-то другом: следует ли мне посмотреть это электронное письмо, которое только что пришло; было бы хорошо, если бы моя жена не спорила со мной...

В этом случае мы предполагаем, что другие шесть энергетических сфер работают совершенно. На самом деле, это не так. Например, у Вас болит поясница или голова, или Вы только что с кем-то поссорились. Список причин, по которым Ваш мозг не в состоянии анализировать информацию, даже при ее наличии, бесконечен.

В-третьих, Вы должны быть в состоянии принимать решения, основанные на имеющейся информации и на проведенном анализе. Позвольте нам предположить, что Вы уверены, в том, что собрали всю необходимую информацию, и что Ваш анализ является безупречным. Проблема состоит в том, что Ваш мозг является только компьютером. У него нет чувств. У него нет сердца. Он не знает желаний Бога. Решение могло бы быть хорошим, если бы Вы были машиной и должны были бы принимать решения, не связанные с людьми. Но Вы не машина.

Прежде, чем мы рассмотрим, что именно влияет на решения людей, я расскажу еще немного о разрешении умственных функциональных трудностей.

Для того, чтобы получать информацию, мозг нуждается в отсутствии отвлекающих факторов. Ему не нужны ни компьютеры, ни телевидение, ни мобильные телефоны, ни кто-нибудь, кто постоянно перебивает Вас, спрашивая разрешение. Когда нет никаких развлечений, мозг замечает, что происходит вокруг. Память улучшается. Когда я говорю про отсутствие развлечений, я имею в виду, что мозг должен быть спокойным, не сосредоточенным. Он должен быть расслабленным и не иметь отдельного источника, который имеет влияние на него. Вы не должны быть легкодоступными при каждом случайно присланном электронном письме.

Для того, чтобы логически проанализировать проблему, мозгу нужно время. Ему нужна правильная информация. И ему нужна хорошая память для того, чтобы не забывать о начальной точке в процессе анализа. Самое важное, в чем он нуждается, – это не прерываться. Второе необходимое условие - отсутствие какого-нибудь другого занятия во время обдумывания. Вы не можете делать два дела одновременно с должным изучением обоих.

Затем, мозг должен решить. К сожалению, решения вызывают напряженность. Вы волнуетесь, будет ли правильным Ваше решение, анализируете ли Вы его еще раз, хотя в этом нет нужды. Большинство людей анализирует решение не один раз, и даже не два, а в среднем приблизительно 15 раз. Любое решение Вы обдумываете 15 раз. И потому что Вы принимаете решение очень много раз, Вы корректируете острые моменты. Вы не потрудились получить необходимую информацию, ни потратить время, необходимое на анализ. В среднем Вы занимаете в 5 раз больше времени, чем Вам нужно для принятия правильного решения.

Проблема обдумывания решения 15 раз состоит в том, что Вы не знаете, какое решение является правильным. Вы запутываетесь все больше. Ваше мышление стоит на месте, потому что одна и та же проблема обдумывается много раз. Даже если все Ваши другие энергетические сферы работают должным образом, мозг не приемлет этот вид принятия решения.

Ваш мозг - инструмент, который может помочь в земных жизненных делах. Вы нуждаетесь в способностях вашего мозга. Следовательно, Вы должны провести некоторое время без развлечений для того, чтобы иметь возможность проанализировать. Это - единственный способ улучшить ваш уровень интеллекта.

Теперь позвольте нам вернуться к решениям, которые задействуют сердце.

Человечество очень гибко, оно имеет много достоинств. Есть альтернативный подход к принятию решения: использование сердца. Если уточнить, можно прислушиваться к сообщениям, данным Вашей душой, которая является резидентом сердца. Даже если кто - то психически болен, у него всегда есть альтернатива - слушать сердце. Этот процесс включает в себя изучение, как расслабляться и находиться в тишине, а затем прислушиватся к себе.

Как я уже сказал, Ваш мозг - компьютер. Он принимает информацию, (может быть не очень хорошо, если Вы психически больны), и затем вырабатывает решения. Как уже было отмечено выше, для большинства людей способность принятия решения довольно ограничена. Вы не знаете на чем основывать Ваши решения, и т.д. Как Вы представляете себе компьютер, который будет решать, что хорошо для Ваших детей, основываясь на ограниченной или частично ложной информации? Знаете ли Вы, будут ли его преподаватели хорошими в будущем?

Ваша душа, будучи божественной, имеет огромные ресурсы, которые можно использовать. Она может видеть будущее. Она знает прошлое. У нее есть все необходимые данные. Она знает то, что для Вас хорошо. Она находится под воздействием сердца. Принятие решения на основе желаний сердца – путь к успеху в самых важных аспектах Вашей жизни - здоровья, подходящего уровня жизни, счастья и удовольствия. Вы должны прислушиваться к Богу и самые важные моменты в Вашей жизни должны приближать Вас к Богу.

Хотя ум мужчины и женщины - одинаков, есть два важных различия.

В эмоциональном центре женщины, в глубине ее души, существует много страхов. Это связано со вторым, наиболее важным из пяти несчастий, которые управляют всей психологией человеческого бытия - привязанность к жизни и боязнь смерти.

Человеческий мозг всегда ищет возможности. Женщина, живя с этим страхом понимает, что она может изменить что-то в лучшую сторону.

Она думает, что ее сексуальность – это инструмент, который заставляет мужчин помогать ей тогда, когда ее страхи обоснованы. Следовательно, если она не получает материального вознаграждения, она предпочитает получать выгоду от сексуальной деятельности, когда ей это необходимо. Это время ее потребностей, а не потребности ее мужчины. Ее задание состоит в том, чтобы удержать мужчину на своей стороне до того момента, когда ей понадобится его помощь. А потом использовать свою сексуальность для того, чтобы убедить его помочь ей.

Поскольку в современном мире, матери не уделяют достаточного внимания своим дочерям, дочери должным образом не развиваются. Результатом этого является то, что развитие загнано в угол. Ее эмоциональный центр вместо того, чтобы становится зрелым и позволять ее сердечному центру любви расцветать, остается незрелым. Следовательно, сегодня почти у всех женщин слаборазвитые и, как следствие, доминирующие эмоциональные центры. Поведение по отношению к мужчинам в большой степени управляется ее страхами и убеждением в том, что ее сексуальность является средством защиты.

Ее отношения с женщинами и детьми также управляется эмоциями.

Так же, как женщины страдают от нехватки внимания со стороны их матерей, так и мальчики страдают от нехватки заботы со стороны их отцов. Отец большинство времени проводит на работе. Когда же он дома, то смотрит телевизор, ссориться с женой, или думает о работе. В любом случае мальчику много раз повторяют, что он должен сделать домашнюю работу, но он так и не получает главного, в чем нуждается на самом деле, – разговора с отцом.

Эта нехватка любви означает, что обе энергетические сферы - эмоциональная и любовная не развиваются. Развиваются только сексуальная и умственная энергетическия сферы: это приводит к нарушениям, которые являются результатом современного образования. С тех пор, как в современном мире, все сосредотачивается на деньгах, сексуальная неудовлетворенность растет. Эта неудовлетворенность только ухудшается отношением со стороны женщин, с которым сталкиваются мужчины. Это приводит к тому, что мужчина или отказывается от качеств, присущих мужчинам, или сосредотачивается на агрессии.

Есть два компонента, в которых нуждается Ваш разум: мир и счастье. Сначала рассмотрим способ, позволяющий развивать мир.

В течение дня Вы в основном заняты выполнением Вашей работы, заботой о детях и т.д. Когда Ваши обязанности по отношению к обществу, к Вашей семье, и к Вам самим закончены, в конце каждого дня Вы должны посвятить несколько минут тому, чтобы быть миролюбивыми. Не переживая, просто сохранять чистыми Ваши мысли.

Удовлетворение вашим умственным благосостоянием является результатом любви, которая находится в Вашей Душе. Для развития и увеличения этой любви Вам необходимо делать положительные шаги навстречу развитию любви в Вашем сердце к Вам самим, к ближнему или к Богу. Другими словами Вы должны увеличить соотношение хороших, приятных решений и всех остальных решений, которые вы принимаете. Когда Вы делаете этот положительный выбор, ваша Душа наполняет положительной энергией любви Ваше умственное энергетическое поле. Это делает Вас миролюбивыми и приближает к духовности.

Любые мысли должны быть или заняты продуктивными действиями, или быть спокойными. В обратном случае это повлечет снижение интеллекта.

Несколько слов о счастье. Вы не станете счастливее, до тех пор, пока не попробуете помочь другим стать счастливыми. Священные тексты Индии заявляют, что есть закон судьбы: причина и эффект.

Хороший выбор приводит к счастью в будущем, а плохой выбор приводит к несчастью. В настоящее время Вы можете быть счастливыми или несчастными, или находится где-то посередине. Ваши решения в Вашей прошлой жизни подразумевают определенный уровень Вашего счастья или несчастья в настоящей жизни. Все, что Вы делаете сейчас не повлияет на Вашу жизнь в будущем, относительно Вашего счастья или несчастья согласно закону судьбы.

Это значит, что, если Вы сосредоточены на счастье в этой сфере жизни, нет ничего, что Вы могли бы сделать для Вашей умственной сферы, как отдельной от других энергетических сфер. Если Вы попробуете и станете счастливее и преуспеете в одной сфере, то Вы будете несчастными в другой.

Все это звучит очень печально. Но, Вы должны знать, что приобретение счастья приводит к желанию повторть события, которые вызвали счастье. В свою очередь это приводит к привязанности к ним и затем к физическим беспорядкам. Это основная причина (после жизни и смерти), страданий и боли.

В жизни каждый должен быть практичным. Учения йоги утверждают, что нужно бороться за мир. Они заявляют, что не стоит бороться за то, чего Вы не сможете получить.

Глава 1. Выполнение миссии в жизни

Что говорит индийская философия о "саморазвитии"?

Прежде всего, у всех нас есть четыре цели в жизни:
- "дхарма", быть честным, ответственным и выполнять свои обязанности по отношению к обществу, друзьям и семье. Таким образом, у нас появляется ощущение благосостояния, и через некоторое время это приводит к удовлетворению здоровья;
- "кама", быть счастливым и получать удовольствие;
- "арта", иметь соответствующий уровень жизни;
- "мокша", освобождение - стать свободным, чтобы делать то, чего хочет каждый, освободится от переживаний.

Вы "растете" и развиваетесь каждый день, когда Вы принимаете активные меры для достижения одной или более из этих четырех целей Вашей жизни. Таким образом, Вы растете, если Вы стремитесь быть хорошим гражданином, хорошим мужем или женой или хорошим служащим или бизнесменом.

Первые три цели являются необходимыми для каждого, и без борьбы и достижений, связанных со взрослой жизнью, нельзя достичь четвертой цели жизни - освобождения. Это главный предмет практической йоги.

Согласно индийской философии у каждого из нас было много жизней и много событий. Но есть первичный опыт (связанный с одной из этих четырех целей жизни), которым Вы должны обладать в этой жизни. Вы нисколько не должны игнорировать другие три цели, но Вы должны понять, какая из этих четырех целей жизни является настоящим ядром в этой жизни.

Между 16 и 21 годами Вам Богом даются определенные знания вашей истинной цели в жизни. У Вас есть некоторые идеалы, но для того, чтобы узнать порядок достижения этих идеалов, Вам необходимо предпринять определенные шаги. Например, сделать упражнения, жениться, сосредоточиться на Вашей работе, или развить интерес к духовным или к религиозным делам. Со временем предмет Вашего наибольшего внимания может измениться, но цель остается постоянной. Вот некоторые примеры:
- мальчик хочет стать летчиком - истребителем или пойти во флот. Ему необходимо сосредоточиться на здоровье. Чтобы достичь этого, он должен стать хорошим честным гражданином;
- девочка хочет стать медсестрой. Это самоотверженная деятельность, и ее реальная миссия в жизни состоит в том, чтобы стать свободной и следовать законам судьбы йоги - помогать другим безкорыстно;
- мальчик или девочка завидуют другим и хотят быть богатыми. Они должны работать над развитием хорошего уровня жизни;
- мальчик интересуется главным образом сексом или женщина интересуется наличием семьи. Им обоим необходимо сосредоточиться на браке и получении удовольствия от своего супруга или от своей супруги.

Достижение истинной цели на протяжении всей жизни помогает человеку стать удовлетворенным. После удовлетворения цели можно перемещаться к следующей цели из трех оставшихся.

Глава 2. Как расслабляться

Все напряжение образуется в задней нижней части черепа. Это часть вашего тела, которую Вам необходимо расслаблять, когда Вы становитесь напряженными, напряжены или у Вас что-то болит.

Наиболее распостранненый способ расслабиться - это сидеть с закрытыми глазами и осознавать напряженность в этой части Вашего черепа. С закрытыми и расслабленными глазами Вы видите цветы в задней части Вашего черепа, затем расслабте глаза, виски, рот и горло. Снова представте цветы. Занимайтесь этим в течение пяти минут.

Напряженность естественна. Этот метод является простым для изучения и наиболее эффективным, когда Вы молоды. Чем чаще Вы практикуете, тем менее напряженными Вы становитесь в течение дня, и тем легче Вам будет расслабиться.

Вы также должны вспомнить различные события Вашей жизни, которые можно будет выбросить из головы и расслабиться. Кроме того, Вы должны искать положительные моменты в Вашей жизни, которые помогут Вам расслабиться.

Развитие удовлетворенности

Независимо от того, позволяете ли Вы своему телу исциляться естественно или нет, Вы можете попробовать удовлетворить себя Вашим нынешним существованием. Сядьте или спокойно прилягте, будьте миролюбивыми. Каждое событие, которое случается с Вами на пути света к Богу, является хорошим для Вас. Ваша травма дает Вам возможность отдохнуть от жизненной сматохи и прессинга.

Умственный Затор

Три фактора могут принудить Ваш разум прекратить функционировать: боль (физическая), страх и сон. Если боль провоцирует страх – это приводит к болезни.

Глава 3. Умственная болезнь

Как мы уже говорили, существуют три компонента умственного здоровья: способность получать информацию, способность анализировать ее и способность принимать решения.

Чем больше Вы напряжены, тем сложнее для Вас выполнять эти функции.

Почти каждый обладает хорошим умственным здоровьем. Количество стрессов, которые негативно влияют на процесс принятия решения, на самом деле огромно.

Психолог вместо того, чтобы ставить кому-то диагноз умственной болезни, должен задать вопрос:

- В какой степени человек может навредить другим живым существам?

Человек, который будет вредить птицам, животным и людям, нуждается в помощи. Важно понимает ли человек не то, что он делает, (это определяется его интеллектом, а не умственным здоровьем), а то, что он сделал.

Нужно всегда начинать с того, что если человек приветлив к Вам, он всегда Вам поможет.

Если после трех попыток помочь человеку, он (она) не благодарен Вам, тогда Вам следует оставить его в покое.

Тем не менее Вам не следует часто помогать каждому. Человек должен хотеть, чтобы ему помогали.

Единственная помощь, которую можно оказать умственно больному пациенту, это объяснить, что он должен переносить меньше стрессов: сократить количество рабочих часов и больше времени отдыхать.

Глава 4. Никто не верит Вам

Вы утверждаете что-то, основываясь на своем опыте, которого не было у других. В сегодняшнем мире почти никто не верит Вам.

Например, возьмем господина Х, который считает, что эти помидоры вкусные. Если Вы говорите ему, что эти помидоры не вкусные, он действительно не поверит Вам. Единственная причина, по которой он не будет настаивать на том, что он мало верит в Ваши слова, из чего логически следует, что Вы лгун (по крайней мере, он убежден, что Вы лжете), это то, что он читал (в книге, газете и т.д.), что другие люди тоже не любят помидоры. Даже при всем при этом он не совсем верит Вам.

Человеческий мозг, как компьютер. Первичным вводом информации является тот опыт, который он уже имеет. Если у Вас нет опыта, Вы не понимаете, что это с точки зрения мозга. Если Вы не пробовали соль, Вы не знаете, что она означает. Если Вы не испытали любовь, или развод, или любые другие бесчисленные каждодневные события, которые Вы можете пережить, Вы не знаете, каково это. Это происходит потому что мозг, как компьютер. Другой ввод информации на этот компьютер (помимо опыта непосредственно) – это чувство, что Вы набираетесь опыта.

Например, кто - то говорит, что "я говорю с Богом" или "я не люблю помидоры", если Вы не испытали того же, Вы не можете понять этого своим мозгом, и поэтому мозг отклоняет его как вероятное утверждение. С точки зрения мозга, Вы решаете, что они говорят неправду. Если Вы не любите помидоров, Ваш мозг полностью не уверен в этом. Он знает о других случаях, которые являются для него странными: некоторые люди любят молоко, некоторые нет. Когда Вы говорите кому - то, "Вы не любите помидоры", он не верит Вам (если он любит помидоры), но проявляет при этом неуверенность. Существует элемент сердца, который вмешивается и тем самым показывает, что он не полностью компьютеризированный мозг. Тогда он не отнесет Вас к лгунам или сумасшедшим, потому что в процессе принятия решения присутствует элемент сердца.

Но, может быть и такое, что он не читал о других людях, говорящих с Богом, или, если он все-таки читал про это, книга или статья не воспринялись его компьютеризированным мозгом. Мозг знает, что вкус так или иначе непредсказуем, потому что он испытал это на себе; один день ему нравится цветная капуста, на следующий – нет. Он верит статье, которая говорит, что некоторые люди не любят помидоры. Но он не верит статье, которая утверждает, что некоторые люди говорят с Богом, если это находится вне его опыта.

Согласно йоге Сутра, существуют не только труды или явления, которые можно увидеть, на которые есть ссылка, но также и явления, которые можно «услышать», которые дают начало духовному знанию. Основной проблемой является уважение. В старые времена, приблизительно до 1950 г., люди уважали друг друга. В настоящее время люди не понимают значения слова «уважение», потому что этому их не учат ни преподаватели, ни родители. Поэтому новое поколение взрослых людей будет неспособно уважать друг друга, является ли кто - то для них «женой» (т.е. есть женщиной, поскольку теперь у мужчин почти нет жен) или мужем, детьми или родителями.

Мозг доверяет вещам, которые видит или слышит из уважаемого источника, т.е. авторитетного. Так, почти всегда, если человек, который говорит с Вами (не считая его или ее качеств), не уважаем, мозг не верит ему как источнику новой информации. Сегодня единственным источником новой информации для ребенка является то, что он видит. Всему, что услышано, не верят. Но это не означает, что человек поверит всему, что увидит. Источник должен быть уважаемым (Агентство Рейтер, определенный вебсайт, определенная книга..). Поскольку мир будет разрушен в течение нескольких следующих десятилетий, эта нехватка веры и уважения очень важна. Когда у людей будет что-то болеть или у них будет какое-то другое несчастье, они будут говорить или писать, "если Вы поможете мне", я сделаю это. Им не поверят.

Раньше это все было по-другому. Существовало уважение к преподавателю, родителю, старшим. Уважение было обоснованным, поскольку в общем люди были честными, даже если их личный интерес был под угрозой. В настоящее время, когда личный интерес находится под угрозой, правда исчезает. Поэтому сегодня дети неспособны заимствовать что – то новое у их родителей. Их единственным источником новой информации являются «увиденные» объекты, как это было уже сказано выше. Старые источники уважаемой информации, такие как Пурана, Йога Сутра, Махабхарата, Веда, Рамаяна больше не воспринимаются.

Хороший родитель, воспитывая ребенка, должен жить в стране, где ребенку не нужно ходить в школу. Такой страны не существует.

Глава 5. Компьютерные программы

Я часто говорил, что мозг похож на компьютер. Все, что Вы запомнили, является компьютерной программой. Эта программа связана с семью подпрограммами, а именно: сексуальной, любовной, эмоциональной, физической, умственной, духовной и божественной. Ввод информации в одну из этих подпрограмм, в форме опыта, который появился вследствие события в жизни, создает ряд результатов согласно этой программе жизни. У программы есть шаблон, изобретенный Богом, который является одинаковым для всех живых существ. Именно эти вводы информации в последующий жизненный опыт отличают Вас от других. У Вас есть выбор, поступать хорошо или плохо, но он не взаимодействует с программой. Ваш свободный выбор изменяет будущие вводы информации жизненного опыта.

Для того чтобы компьютерная программа работала, ей необходим оператор и энергия: кто - то, кто включает программу и кто обеспечивает компьютер энергией. Ваша компьютерная программа была включена в начале вашей жизни, несколько сотен тысяч жизней назад. Она работает на трех разных энергиях. Это энергия матушки-природы в виде Кундалини и в форме жизненной силы (обе интеллектуальные) и энергия пищи (не интеллектуальная).

Пища подразумевает не только то, что вы едите, но также и другие физические вклады в Ваше тело – пространство, воздух, жара и вода.

Данный Вам жизненный опыт включает в себя все подробные инструкции Вашей души и Бога, как ваши непроизвольные системы должны работать и как должен действовать Ваш подсознательный мозг.

Глава 6. Модели отрицательного поведения

Люди представляют собой разнообразие моделей отрицательного поведения. Человек не должен быть конкурентоспособным, но он конкурентоспособен. У него есть достаточно денег, но он перерабатывает. Она имеет хорошего мужа, но досаждает ему. Курение способствует плохому здоровью, но Вы курите. Список бесконечен, но его можно разделить на две группы: те, которые вредят телу и те, которые вредят разуму.

Те, которые вредят телу, могут быть вылечены, как я излагаю в своей книге по совершенствованию физической энергетической сферы.

Те, которые вредят уму, - результат влияния общества: телевидения, коллег, друзей детства и т.д.

Вы рождаетесь в обществе, чьи особенности поведения (только отрицательные) Вы должны изучить и преодолеть. Часть изучения легка: ребенок главным образом между 1 и 6 годами осваивает это. Однако жизнь не должна соприкасаться с фатализмом, и родители должны стремиться препятствовать ребенку поглощать социальные модели отрицательного поведения. С 6 до 15 лет родитель должен стараться помочь своему ребенку преодолеть выученные модели, основываясь на следующем совете.

Итак, Вы – взрослый человек, старше 15 лет, и у Вас есть некоторые характеристики негативного поведения.

Что Вы должны сделать?
- ☐Вы должны установить источник, который является социальным влиянием, а не некоторым воображаемым закоренелым сексом или какой-то другой причиной.
- ☐Вашему уму необходимо пространство, время и спокойствие для размышлений над Вашим поведением и расслаблением.
- ☐главным образом Вы также нуждаетесь в супруге, чтобы научиться расслабляться в его или её объятиях и получать сексуальную разрядку. Таким образом, Вы узнаете, что кроме отрицательного поведения существуют другие привлекательные вещи.
- ☐Вы и/или Ваш партнер должны создать для себя стимул для изменений.
- ☐однажды, Вы должны сказать себе: я не собираюсь делать этого больше. И тогда Вы остановитесь. В принципе это приводит к постоянному решению. Практически Вы можете начать снова. Если Вы продолжаете делать это, Вам снова необходимо пространство, время, спокойствие, размышления, и расслабление. Однако, Вы должны сказать себе "начиная с сегодняшнего дня, я прекращаю это навсегда".
- ☐йога судьбы, практика помощи другим стать счастливыми поможет Вам.

Глава 7. Стресс

Сегодня каждый поддается стрессу. Существует три компонента стресса: экология, ввод информации и обыденность.

Стресс от получения информации.

На работе Вас уволят, если у Вас слишком много обязанностей, и Вы не выполняете их. Ваши "коллеги" надеются на то, что Вы останетесь без работы, и они займут Ваше место.

У Вас и вашего супруга есть неизменные доводы. Ваши дети не слушают Вас, тем самым, создавая стресс.

Люди вокруг Вас устанавливают стандарты, которым Вы должны соответствовать, без учета того, вредны они для Вас или нет. Они носят модную или вызывающую одежду. Они покупают дорогие автомобили и имеют по три телевизора.

Ваш сидячий образ жизни означает, что Вы полнеете и становитесь непригодными к эффективному труду. Занятия спортом и гимнастикой только усугубляют стресс.

Экологический стресс

Все, что Вы употребляете, создает стресс, заставляя ваши системы тела работать сверхурочно, чтобы ограничить вред, нанесенный загрязнением. Вода, которую Вы пьете, загрязнена, или Вы пьете кока-колу. Пища, которую Вы едите, искусственна и содержит химические добавки. Вы болеете и принимаете "лекарства". Воздух, которым Вы дышите, сильно загрязнен. Ваш мозг бессознательно находится под сильным влиянием телевидения, радио, мобильных телефонов, и Интернета. Это так, даже если Вы находитесь на необитаемом острове в милях от поселений. Погодные изменения означают, что ваше тело должно справляться с условиями, которые отличаются от нормы, даже если они подходят Вам, хотя на самом деле это не так. Ваши глаза видят вредные вещи, Ваши уши слышат шум (известный как современная музыка).

Обыденный стресс

Перед рождением, Вы уже находитесь под влиянием стресса. Доктора вторгаются в уединенность Вашей матери: смотрят ее, проверяют. В утробе Вашей матери, Вы переживаете весь стресс, который переживает Ваша мать. Ее неестественный образ жизни означает, что роды – это кошмар. В детстве родители кричат на Вас, оставляют Вас напуганным одного или с незнакомцами. Они настаивают, чтобы Вы делали слишком много ненужной домашней работы, критикуют Вас, если Вы не работаете упорно, или не сдаете экзамен. Ваши преподаватели мысленно оскорбляют Вас, другие дети еще хуже. Вы смотрите фильмы ужасов, что означает, что во избежание полной трагедии в Вашей жизни Бог дает Вам опыт ужаса только в Вашем сне.

Через несколько лет мир сможет понять, что человечество неспособно жить 24 часа в сутки от рождения до смерти со стрессом на сегодняшнем уровне. Мы находимся на ускоряющейся нисходящей прямой. Большинство людей в мире сильно страдают, поскольку их нервы постоянно портятся в группе болезней, известных, как хроническая миофасциальная боль, или фибромальгия.

Сам стресс приводит или к восторгу или к депрессии. На самом деле не имеет значения к чему именно. Решение проблемы преодоления обоих стрессов заключается в том, чтобы начать путь к йоге, возможно, с прочтения Главы 17 "Тишина в Вашей Жизни" и затем заняться йогой судьбы: йогой действия, состоящей из помощи другим, религиозного исследования и подчинения всех действий Богу. Другие "решения" не сработают.

Стресс также приводит к умственной усталости: Вы чувствуете себя сонными, или утомленными или нуждаетесь в большом количестве сна, даже если физически много не работаете.

Глава 8. Люди и Стимулы

Стимулы имеют большое влияние на поведение, в зависимости от спокойствия человеческого разума и антипатии к тому, чем он является, стимул предназначен для преодоления препятствий.

Если у человека занят ум, он всегда занят какими – то мыслями, за исключением размышлений о предполагаемой боли или нехватке денег и т.п. Следовательно, стимул совершать некоторые действия (или не совершать их) для избежания предполагаемой проблемы (или ее результата) не будет иметь эффекта.

В современном мире у каждого человека ум полностью занят. Тенденция прошлых 50 лет – это всевозрастающая занятость разума. Следовательно, количество стимулов (по сравнению с предыдущем состоянием стимулов уровня дохода или здоровья) должно быть намного выше теперь, чем 50 лет назад.

Однако другой аспект - отвращение к проблеме, с которой имеет дело стимул. Уровень антипатии увеличился: за последние 50 лет люди стали менее терпимы к боли, низкому доходу и т.д. Этот эффект имел негативное, но меньшее воздействие на эффективность стимулов.

Может быть, полезно привести некоторые конкретные примеры того, как работает психология стимулов или как можно заставить ее работать.

Нужно отметить, что, если отвращение не опустилось до нуля, каждый находится под воздействием стимулов. Единственный вопрос - это, насколько. С заданным уровнем отвращения ответ на этот вопрос очень прост, насколько занят их ум? Это - важное правило или закон психологии.

Первый пример имеет отношение к отвращению страдать в будущей жизни в результате нарушения этических принципов сегодня. С уменьшением веры в Бога уменьшается отвращение, даже притом, что общее отвращение к боли увеличилось.

Кроме того, увеличение "занятости" означает, что немногие думают об этих проблемах. Именно поэтому Божье прощение, необходимое для влияния на человека, чтобы не позволять ему нарушать этические принципы, должно быть безгранично. Кроме того, прощение дается согласно тому, помогает человек другим или нет; а в материалистическом мире люди думают о торговле, а не о религии и Боге. По этим трем причинам стимул придерживаться этики отсутствует.

С правилами, установленными Богом, человек должен решить для себя, нарушать этические принципы или нет, независимо от будущих последствий. Это - фундаментальное изменение в динамике поведения общества. Общество зависит от верности этическим принципам. Это не очевидно в повседневной жизни, но это становится очевидным очень быстро во времена трудностей. Вы должны выбирать друзей, которые всегда придерживаются этических принципов, независимо от их материальных потребностей. И трудно предвидеть или знать, что предпримет тот или иной человек во время несчастья. Поэтому при выборе друга Вам нужен совет от кого - то, кому Вы можете доверять.

Второй пример о женщине, которая выходит замуж за человека в той окружающей среде, в которой она не в состоянии работать. С имеющимся потенциалом работать она знает, что в случае необходимости, она может сама себя прокормить, одеть и обеспечить. Тогда ее стимул полагаться на мужчину отсутствует, вследствии чего возникает поведение, которым она не довольна. Без этого стимула она свободна быть довольной или недовольной, поступать так, как ей нравится.

Ум женщины занят, но не настолько, чтобы остановить понимание немедленных результатов стимула. Это действует независимо от уровня ее интеллекта. Без способности работать все женщины быстро понимают, что именно в их интересах быть хорошими для мужчины, который может или жениться на ней, или попросить уйти. Это относится к тому примеру, если она замужем за хорошим человеком, ведь в действительности никто не верит в гипотезу, что "трава, может быть где-то зеленее".

Глава 9 Выполнение приказов

На самом деле люди очень часто выполняют распоряжения - медсестра делает то, что говорит ей доктор; преподаватель то, что предписывает программа; охранники Гитлера то, что входит в их обязанности и. т. д.

В большинстве случаев, если мучает совесть, у человека есть простой выбор - можно оставить работу и иметь более низкий доход или не следовать плану и рисковать понижением должности..

В некоторых случаях человек при невыполнении распоряжений может испытать реальный вред. Он должен сравнить количество вреда, причиненного себе самим и количество вреда, созданного другим. Например, солдат, защищающий свою страну (в отличие от нападающего на другую), должен принять во внимание больше обстоятельств, и нанесенный им вред будет прощен. В основном, относительное количество вреда себе и другому в любом отдельном случае нанесения вреда должно быть соразмерным - если будет избыток вреда другому человеку, то человек после выполнения распоряжений пострадает.

Другая проблема распоряжений состоит в том, что это входит в привычку, и затем можно начать вредить другим независимо от того, есть ли прямой приказ или нет. Это не оправдание, чтобы вредить другим.

Необходимо, чтобы родители учили детей не только уважать других, в том числе и старших, но также и обьясняли и разницу между правильным и неправильным. В случае необходимости, это может повлечь физическое наказание ребенка (если слов недостаточно или другие методы не действуют) - но это должно быть последним средством, поскольку у него есть потенциал для создания цикла вреда. Родители, которые не учат ребенка понимать разницу между правильным и неправильным, потом будут страдать от последствий ошибок, сделанных ребенком, который будет переживать только 50 % страданий.

Глава 10. Доброта и Интеллект

Некоторые люди добры, некоторые умны. Эти два качества несовместимы. Чем добрее человек, тем он менее сообразителен , и наоборот.

В то время, когда можно развить специфические навыки, такие как например вычисление, проектирование, живопись и т.д., есть фактически только один тип интеллекта: человек умен или нет. Можно создать общий IQ тест, чтобы измерить интеллект. Инверсия этой меры - мера доброты человека.

Однако, хотя человек может быть абсолютно недобрым, это не обязательно влечет за собой недоброе действие или нехватку доброго действия. Интеллект может использоваться, как для хорошего, так и для плохого, и, естественно, что, используя его для хорошего дела, человек будет пытаться помочь другому хорошему человеку. Именно умные люди используют свой интеллект для хороших дел, которые приближают их к Богу.

Глава 11. Память и замешательство

Не всем известен тот факт, что многие современные лекарства вызывают, как замешательство, так и потерю памяти.

Лживый рассказ имеет тот же самый эффект.

Памятью управляет Бог. То, что Вы помните, а что нет, сколько Вы помните, зависит от Него. Если Вы хотите развить вашу память, и делаете упражнения для усовершенствования памяти, Он может помочь Вам. Но упражнения сами по себе бесполезны.

Чтобы преодолеть замешательство, Вы должны расслабиться, особенно расслабить мозг. Займите приблизительно один час, сидите спокойно, закройте глаза. Тогда Вам будет легче получить ясные инструкции от Бога.

Глава 12. *Тщеславие*

Один из признаков гордости - тщеславие. Человек считает, что он более красивый, умный, важный, любимый, чем на самом деле. Эта мысль скрашивает его процесс размышлений и означает, что он не способен правильно оценить ситуацию.

Положительный мужчина и отрицательный мужчина приглашают женщину на обед. Но только отрицательный льстит ей, говорит неправду. Она выбирает отрицательного мужчину, чтобы пообедать с ним, выйти за него замуж, заняться с ним сексом и т.д.

Человек становится тщеславным, если он нарушает этический принцип (яма): не быть жадным. Чем больше тенденция копить вещи, тем более тщеславным становится человек.

Лечением тщеславия является отдача Ваших самых драгоценных вещей на благотворительность. Отдача менее ценных вещей не оказывают большего влияния на Ваше тщеславие.

Большинство людей тщеславны в полной мере, как и большинство жадны в полной степени. Работа над собой (отдельно от души) подразумевает, что присутствуют гордость и тщеславие. В то время, как духовные успехи могут осуществляться при наличии гордости и тщеславия (вплоть до конечного пункта), религиозный прогресс не будет происходить, если этого не желает Бог.

Тщеславие, имеющее силу, серьезно. Каждый из нас не всегда осуществляет правильные действия в нужное время, в нужном месте. Это огромный барьер на пути к религиозному / духовному прогрессу.

Глава 13. Развитие чистоты Тела

От: XX@YY.ernet.in
Отправлено: 13 октября 2005 15:56
Для: love@lovingheartcentre.net
Тема: Совет для преодоления личных проблем

Уважаемый Сэр.,

Для того, чтобы представиться, я - господин XX, уроженец государства Керала и теперь работаю YY в месте по имени ZZ в Химачал-Прадеш в Индии. В течение прошлых 30 лет или около того (мне 50 в настоящее время), я страдаю от серии психологических расстройств, таких как беспокойство, напряженность, депрессия и т.д., а в последнее время мне трудно продолжать мою ежедневную деятельность из-за вышеупомянутых признаков. Я сильно нуждаюсь в помощи поручиться за мое существующее затруднительное положение. За эти годы я пробовал, хотя неудачно, психиатрию, йогу sanas, pranayama, натуропатию и т.д. Пожалуйста, молитесь за меня и посоветуйте мне, что делать.

С наилучшими пожеланиями,
Искренне ваш,
XX,
XX@YY.ernet.in

Уважаемый господин,

В течение следующего месяца Вы должны развить чистоту тела. Она известна как сауша в философии йоги, первой из пяти ниям. Утром, когда Вы встаете, Вы должны принять душ или ванну и почистить зубы. Это - внешняя чистота. Для внутренней чистоты, Вы должны придерживаться диеты на основе йогурта и молока. Вы должны выпивать 1.25 литра йогурта и 1.25 литра молока ежедневно. Съешьте также небольшую конфету для сохранения Вашей энергии сильной. Если Вы все еще голодны, Вы можете съесть немного вашей обычной, но вегетарианской еды.

Через месяц, пожалуйста, свяжитесь со мной снова, и я скажу Вам следующий шаг. В целом, если Вы будете следовать моим инструкциям, Вы должны преодолеть вашу болезнь через 6 месяцев.

Искренне ваш

Шям Мехта

Глава 14. Дисциплина

Даже если ум хорошо функционирует, Вы можете ничего не достигнуть. Тело и ум нуждаются в дисциплине, если Вы собираетесь достигнуть того, чего хотите, независимо от того, чем это является.

В философии йоги дисциплина достижения Ваших религиозных или духовных целей называется тапой. Главным образом, она состоит в использовании сдержанности в том, что Вы едите, что Вы говорите, что Вы думаете. Она состоит из использования Вашего времени для помощи людям. Она подразумевает полный отказ от всего, что Вам не нужно делать, в чем Вы не нуждаетесь или чего Вам не нужно покупать.

Дисциплина - духовный вопрос. Вы должны решить, хотите ли Вы достигнуть чего-то, и затем ум вступает во владения. Тогда ум дает инструкции телу соблюдать необходимые дисциплины.

В других случаях ум отвлечен несметным числом беспорядков, которые происходят каждый день, и тогда все три его функции не используются должным образом.

Нехватка использования этих функций разума приводит к распаду интеллекта человека специфических навыков, которые он имеет.

Глава 15. Невинность

Окончательная цель этой и Ваших будущих жизней состоит в том, чтобы увидеть Бога. С современными западными тенденциями эта цель становиться все более и более главной. Люди во всем мире постоянно меняют свои приоритеты, присоединяясь то к одной, то к другой группе.

Очевидно, что существует много меньших приоритетов, таких как поиск души или достижение материального благополучия и удовольствия. Вследствие давления работы или семейного вмешательства даже об этих приоритетах можно забыть.

Поэтому чтобы максимально использовать жизнь, каждый должен уделять время духовному росту и прилагать усилия для достижения более высоких целей.

Первая задача - это прочитать древние священные знания и философию так, чтобы каждый узнал больше об обязанностях. Священные знания – Бхагавад - Джита, Махабхарата и Рамаяна. Они содержат много справочников для жизни, и их чтение удовлетворяет многие цели.
Чтение этих древних текстов приводит к невинности ума.

Глава 16. Ишвара Пранидхана

Никакая книга, посвященная разуму, не будет полной без обращения к Ишвара Пранидхана. Ишвара означает Бог, а Ишвара Пранидхана - подчинение Богу. В жизни все мы сталкиваемся с трудностями, и глупо полагать, что мы можем решить эти проблемы сами. Путь йоги включает в себя подчинение Богу.

Все люди отличаются друг от друга и в зависимости от ваших обстоятельств, можно дать три определения:

Определение 1

Ишвара Пранидхана – это заключительный акт подчинения, когда Вы говорите Богу: "С этого времени, я даю Тебе мое тело, мой разум и мое сердце, чтобы Ты поступал с ними на свое усмотрение. Позволь мне не влиять на их действия".

Это также включает в себя каждое действие для того, чтобы подготовить ваш ум для отдачи Вашего тела, разума и сердца Ему.

Определение 2

Ишвара Пранидхана - это заключительный акт подчинения, когда Вы говорите Богу: "С этого времени все, что я делаю, я делаю для Тебя. Все, что Ты не хочешь, чтобы я делал, я делать не буду. Отныне я не буду пропускать те дела, которые Ты хочешь, чтобы я совершал".

Под этой формой Ишвара Пранидхана также подразумеваются действия, которые предшествуют заключительному этапу повиновения для того, чтобы подготовиться к подчинению.

Определение 3

Ишвара Пранидхана – это также заключительный акт подчинения, когда кто-то знает, что он не готов подчиняться и говорит: "Самый Дорогой, пожалуйста, помогите мне, если Ты так хочешь, или не помогай мне если это является Твоим желанием. Я хочу сделать все, чего хочешь Ты. Я не хочу делать того, чего Ты не хочешь делать. Я не хочу пропустить какое-то действие, которое Ты хочешь, чтобы я сделал".

Каждый из нас - невежда. Мы не знаем, кем является Бог или существует ли он вообще. У нас есть естественные опасения и страхи, что мы можем совершить что-то, что "другой" хочет, чтобы он сделал.

Ишвара Пранидхана – это также каждый шаг на пути становления удобного для Вас заключительного акта повиновения.

В настоящее время практически никто не достиг такого состояния совершенства в практике йоги, что он может обещать Богу никогда не влиять на действия его тела, ума и сердца. Третье определение - это единственный практический путь, которого стоит придерживаться.

В течение вашей практики Ишвара Пранидхана Бог проверяет Вас на каждом этапе пути. Вы должны прочитать Махабхарата/Бхагавад - Джита и Рамаяна, чтобы развить вашу близость к Нему, так этот процесс станет менее болезненным.

Ишвара Пранидхана приводит к браку с Богом. Замужняя женщина не может выполнять Ишвара Пранидхана, но для развития прекрасной любви между собой и мужем она должна практиковать Ишвара Пранидхана, используя одно из трех определений в пользу ее мужа, а не Бога.

Для подробного руководства о том, как слушать Бога, сущность Рамаяна и Бхагавад - Джита, пожалуйста, посетите мой сайт, www.lovingheartcentre.net.

Глава 17. Тишина в Вашей жизни

Сегодня каждый хочет быть занятым. День максимально заполнен делами.

Вы всегда спешите.

Мозг одурачил человечество, а сердце исчезло.

Мозг восстает против всех стрессов и нагрузок, которые навалились на него. Попробуйте поэкспериментировать на простой деятельности - ходьбе. Наблюдайте, насколько напряжен Ваш мозг при нормальной скорости ходьбы, и затем наблюдайте за ним, когда Вы идете естественно, медленно, не задействуя Ваш мозг. Мир и спокойствие получают шанс.

Если Вы занимаетесь йогой, наблюдайте за Вашей практикой йоги. Сядьте в любое положение йоги и наблюдайте, насколько Вы напряжены. Как лучше для Вас?

Мир находится на вершине главного кризиса. С утра до ночи, в детстве и взрослой жизни все разрушает Вашу нервную систему. На работе вокруг Вас находятся конкуренты, а не коллеги. Ваш брак - поле битвы. Школа – крысиные бега. Воздух заполнен телевидением, радио и волнами мобильными телефонами, которые взаимодействуют с вашей нервной системой и нарушают ее. Западные лекарства повреждают и разрушают ваши нервы. Список бесконечен.

Есть только одна вещь, в которой Вы действительно нуждаетесь – это мир. Как достичь его?

- если возможно, Вы должны иметь просторный дом подальше от центра города;
- избегать ненужной болтовни;
- избегайте людей и суждений, где отсутствуют личность и сердце;
- откажитесь от наибольшего количества действий, которые не касаются достижения главных целей Вашей жизни;
- что касается Вашего мужа или жены, сосредоточтесь на физической близости, а не на чем-то другом. Вам следует вместе находиться в спокойном (свободном от шума и телевидения) окружении насколько это возможно;
- находиться с Вашими детьми максимально долго, следить, не возбуждены ли они, не оказывается ли давление на них, не критикуют ли их;
- в течение двух лет привыкните задавать много вопросов. Почему я беру эту ручку? Действительно ли это необходимо? Какова цель моей жизни? Какие три главные желания, которых я хочу достигнуть? Это счастье, или это помощь людям? Перед выполнением чего-нибудь спросите себя, почему Вы делаете это, можете ли Вы сделать это по-другому, должны ли Вы делать это?
- время от времени расслабляйте Ваш мозг, лоб, глаза, уши, язык, нос, горло и живот;
- не вмешивайтесь в жизни других людей: если они не просят Вас помочь им, смотрите, можете или хотите ли Вы помочь им, в противном случае не лезьте не в свое дело;
- не думайте о том, что не важно для Вас – о погоде, автомобилях, еде...;
- делайте Вашу работу от А до Я и позволяйте другим делать свою, если они этого хотят;
- избегайте суеты: этот автомобиль столь же хорош, как и тот, эти джинсы похожи на те. Возьмите первую вещь, которую Бог дает Вам, где это только возможно;
- откажитесь от шума, музыки, телевидения и т.п.;
- сумейте обойтись меньшим количеством денег и меньшим количеством работы;
- избегайте быть обязанными что-то делать для людей, если это хорошо для них и, по Вашему мнению, они не являются достойными того, чтобы им помогали, но они хотят Вашей помощи и просят ее.

Глава 18. Санскритская Звуковая Терапия

Тамильский и Санскритский языки дал Бог. Каждая буква их алфавита имеет исцеляющие свойства для ума.

Прежде всего, Вы должны опознать расстройство, которое связано с Вашей проблемой в умственном энергетическом поле.

В данной таблице ниже, я покажу соответствующий Санскритский звук, который Вы должны пропеть. Вам не следует торопиться при изучении надлежащего произношения необходимых Санскритских знаков перед открытием вашей целительной деятельности. Этому методу исцеления Вы должны посвящать приблизительно пять минут каждый день, непосредственно произнося этот звук.

Причина	Определение	Знак Санскрита
Бедра		а
Гениталии	Мужчины	И та
Задний проход	Болезненный	у ддха
Колени	Кость, кроме сломанной	на ша
Селезенка	Рак	ру ка
Желудок		ле
Кожа	Лоснящаяся	ка ра
Пуп		е
Легкие		о
Боль в ухе	Непрерывная	нга са
Сердце		аи
Спинной хребет		ау
Шейный отдел позвоночника		са нха
Дыхание	Дыхания в минуту превышают 4 ха па	
Жалость	К себе	ва ва
Трудовое дыхание		ва
Отчаяние		ра
Сомнение	Об отношениях/внешнем мире тка тка	
Сотрясение тела	Верхняя часть (пуп и выше)	ла хе
Проживание в иллюзии	Отношения с собой	нда га
Медлительность		нха
Привязанность к жизни	ма	
Боль в ухе	Время от времени	нга ха
Жизнь в иллюзии	Отношения с другими	нда гха
Колени	Другое (включая сломанные),	на сга
Страх смерти		ма
Физическая болезнь	иха	
Отвращение к боли	бха	
Гениталии	Женщины	И тха
Слух		гха
Вознаграждение чувства	ддха	
Икры		дха
Глаза	Не ясные	сга ма
Щитовидная железа	иа	

33

Привязанность к удовольствию		ба
Жажда		га
Умственное Безделье	ддха	
Ноги		да
Веки	Тонкие	ша ба
Аппетит		кха
Смысл 'я'		пха
Переднее горло		ча
Небрежность		ткха
Неспособность сохранять достигнутый прогресс		тха
Шейный отдел позвоночника Унаследованный		са тка
Сомнение	В себе	тка дда
Нехватка настойчивости	та	
Задний проход	Не болезненный	у нда
Кожа	Не лоснящаяся	ка ла
Нехватка мудрости		па
Печаль	Поскольку кто - то еще печален ва иха	
Веки	Толстые	ша бха
Глаза	Ясные	сга ва
Нос		са
Селезенка	Другое, не злокачественное	ру кха
Дыхание	Дыхания в минуту меньше или равны 4	ха пха
Сотрясение тела	Ниже пупа	ла ме

Глава 19. Сексуальные и физические трудности

Физические трудности не увеличивают уровень Вашего счастья в этой жизни. Вы можете курить и думать, что, бросив курить, в будущем болезни станут менее опасными для Вас. Но, к примеру, Вы можете отказаться от курения, и оказаться в больнице из-за того, что попадете под автобус. Вся природа Вашего счастья или Вашей печали зависит от Бога.

Контакт с природой, соответствующие упражнения и счастливый брак приводят к восполнению сексуальной энергетической сферы. Здоровье этого энергетического поля зависит от фактической сексуальной деятельности человека. Человек может не быть женатым или иметь несчастливый брак, но в то же время он может обладать удовлетворенной сексуальной энергетической областью.

Глава 20. Эмоциональные и любовные трудности

Желание и привязанность являются источником проблем, связанных с эмоциональной сферой. Привязанность мотивируется эмоцией счастья. Когда Вы становитесь счастливыми, Вы хотите больше счастья, и это желание заставляет Ваш разум искать все больше причин для счастья. Вы заканчиваете в никогда не заканчивающемся поиске счастья. Но желание приводит к физическим заболеваниям, а ваш поиск счастья - к болезни и смерти. Философия Йоги отмечает, что этот поиск счастья плохо управляется. Ваше счастье зависит от заслуг: от того, заслуживаете ли Вы счастья, а не от бесполезного его поиска.

Счастье и удовлетворение приходят с одним энергетическим полем любви, для взрослого - от передачи энергии любви супруга. Брак с человеком, который заботится о Вас, необходим. Оба супруги должны иметь общие идеалы, заботиться друг о друге, не причинять друг другу боль, иметь здоровое сексуальное желание и чувство удовлетворения, быть правдивыми по отношению друг к другу. Вы нуждаетесь во взаимном уважении и преданности.

Глава 21. Любознательность

Ваша душа не заинтересована в сборе знаний. Она сосредотачивается на изучении Ваших собственных жизненных событий. Чем больше жизненных событий, тем они разнообразнее, и тем лучше это для Вас. Будучи божественной, она имеет доступ к любому количеству необходимых знаний. Если Бог захочет, Он поведает Вам эти знания.

Из этого следует, что когда Вы находитесь в гармонии с Вашим сердцем, Вам не нужна любознательность. Вы не нуждаетесь в знании. Вам не нужен путеводитель или память. Если Бог хочет, чтобы Вы имели определенные знания, он даст их Вам. Если он не хочет, чтобы Вы имели какие-то знания, Вы их не получите.

Это означает, что, даже если Вы любознательны, любое знание, которое Вы получаете как результат Вашей любознательности, является бесполезным для Вас.

Находясь в контакте с Вашей душой, Вы будете довольны всем тем, что происходит с Вами.

Глава 22. Неиспользованная способность мозга

Ученые считают, что 95% мозга остается неиспользованной. Они ошибаются.

В этом мире Бог создает только то, что необходимо.

Если Вы используете телескоп и смотрите на небо, Вы увидите некоторую деятельность звезд в форме легкой эмиссии.

Если Вы используете устройство, которое принимает все сигналы, кроме световых, Вы увидите другую деятельность.

Ученые не подозревают, что 95% всей деятельности происходит именно в человеческом мозге.

Если Вы находитесь на религиозном пути, Вы должны знать, что Вам не следует допускать докторов к лечению своей головы и спинного хребта.

Глава 23. Творческий потенциал

Полезно думать о том, что происходит во время того, как Вы рисуете или занимаетесь другой творческой деятельностью.

Есть два варианта. Профессиональный художник за эти годы, собирает ряд полезной для живописи информации: подходящие цвета, картины, которые люди хотят купить, в каких направлениях должны двигаться его руки и т.д. Тогда он сможет создать красивое облако. Он сам принимает решение, что лучше всего для продажи, и тогда его разум приступает к работе. Опытный компьютер работает.

Но он также рисует от сердца. Ваша душа получает сообщение, что для того, чтобы достигнуть Вашей цели в жизни, Вам полезна творческая деятельность. Вы сами говорите "да". В этот момент любовь входит в ваше сердце, и Вы рисуете с любовью. Ваши действия направляются Вашей душой, а не умом.

Это означает, что каждый из нас, если он полагается на душу, может создать красивое.

Однако, чаще всего ум заблокирован. Он полагает "я не могу сделать этого", или часто, он слишком занят обдумыванием ежедневных проблем и не позволяет Вам почувствовать нужду в получении доступа к Вашему сердцу.

Невозможно творить с любовью, когда Ваш ум работает. Или ум, или душа, но не оба одновременно.

Когда Вы творите с любовью, Ваш ум отдыхает. Его функции сбора информации, анализа и принятия решения пассивны.

Однако Ваше творение может быть не божественным. Это может быть не истинным искусством. Оно становится таковым только тогда, когда Вы сами и Ваша душа находитесь в гармонии друг с другом. Это относится к Вашей духовной энергетической сфере.

Глава 24. Болезнь

Любая болезнь, которую Вы переносите, - это является результат нарушения этических принципов Вашей предыдущей жизни. Всегда существует один принцип, который помогает преодолеть болезнь, и именно Ваша болезнь показывает что это за принцип. Помимо боли, болезни имеют пять признаков, которые описаны ниже в этой таблице:

Этический Принцип	Результат Нарушения
Не рана	Лихорадка
Правдивость	Кашель
Не незаконное присвоение	Головные боли
Безбрачие	Сыпь
Непринятие подарков (без неотложных потребностей)	Признаки, подобные простуде

В Вашей жизни, когда вокруг много давления, каждый забывает об этике. Ум – это компьютер и он не уделяет внимания этике. Однако компьютерную программу можно научить принимать во внимание этику.

Первое, что необходимо сделать - это узнать, какой этический принцип Вы нарушаете в большей мере. Вышеприведенные пять признаков должны помочь Вам.

Не Ваш разум, а Ваше сердце должно принять это решение. Для этого Вам необходимо иногда сидеть в тишине и слушать, что говорит Вам Ваша душа. Потом это может и не войти в привычку, но иметь понимание о том, что что – то идет не так в Вашей жизни, было бы полезным.

Вам решать.

Шям Мехта, Центр Любящего Сердца, www.lovingheartcentre.net

Ум выполняет три функции: принимает информацию, анализирует её и после этого координирует Ваши дальнейшие действия.

Умственное здоровье означает, что ум способен осуществлять эти три функции хорошо, так, чтобы удовлетворять собственные потребности.

Даже если психолог хочет улучшить интеллект человека, не существует современных лекарств, которые могли бы это сделать. Все, что делают современные лекарства – это провоцируют длительное и широкомасштабное повреждение всех систем организма, большей степенью влияя на нашу самую запутанную и деликатную нервную систему.

Шям занимается Йогой с 1957 года, а преподаёт её с 1973 года.

Мать его по национальности чешка, а отец – индиец, но сам Шям вырос в Англии и там прожил почти всю свою жизнь, получив христианское воспитание.

В колледже он начал интересоваться философией Йоги и индуизмом.

Позже он принял индусскую веру, а затем, в 2001 году, снял свою индуисскую священную нить, чтобы полностью посвятить жизнь помощи всем добрым людям, помогать им почувствовать себя счастливыми.

В жизни у него был богатый религиозный опыт, и каждое мгновение, свободное от сна, он поклоняется Богу.